匠人精神

一流人才育成的 30 条法则

家具职人、「秋山木工」代表

［日］秋山利辉 著

中信出版集团 | 北京

图书在版编目（CIP）数据

匠人精神 /（日）秋山利辉著；陈晓丽译. —北京：
中信出版社，2015.11（2025.8重印）
ISBN 978-7-5086-5615-1

I. ①匠… II. ①秋…②陈… III. ①成功心理 – 通
俗读物 IV. ① B848.4–49

中国版本图书馆CIP数据核字（2015）第 254196 号

书名原文：一流を育てる　秋山木工の「職人心得」

匠人精神

著者：[日] 秋山利辉（秋山利輝）
译者：陈晓丽
出版发行：中信出版集团股份有限公司
　　　　　（北京市朝阳区东三环北路27号嘉铭中心　邮编100020）
承印者：三河市中晟雅豪印务有限公司

开本：880mm×1230mm　1/32　　　印张：5.25　　　字数：100 千字
版次：2015 年 11 月第 1 版　　　印次：2025 年 8 月第 49 次印刷
京权图字：01–2015–6733　　　　　书号：ISBN 978-7-5086-5615-1
　　　　　　　　　　　　　　　　定价：52.00 元

图书策划：■ 活字文化

目录

首章 ｜ 有一流的心性，必有一流的技术

末章 | 一流匠人的成长之路

孝育天下

梁正中

佛说世间一切皆因缘而生。秋山先生的《匠人精神》在台湾、大陆的顺利发行，正是好缘相连而生，而我这个无名小卒恰巧是串起那一颗颗珍珠的细线。

三年前，我因在日本横滨参加稻盛和夫先生的"世界企业家大会"，而与旅日华侨企业家、日本徽商协会副会长陈晓丽女士相识。陈女士古道热肠，致力于中日民间友好交流。先后引荐了多位日本民间"高人"让我学习。前年夏天，陈女士和她的好友、日本能乐高手清水老师，陪同我去四国参访精通书道、茶道、花道、和服、能乐，且年过八旬的庆先生。途中，清水老师向我推荐了"仿佛是训练一流高僧寺庙"的"秋山木工"。三个月后，我于地处日本横滨乡间的"秋山木工"见到创办人秋山利辉先生。那天，在"秋山木工"狭小的会议室里，挨着秋山先生刚坐下，没有任何寒暄，秋山先生单刀直入地问我：你为什么来找我？你对"秋山木工"有所了解和研究吗？同时，他把充满期待而又"咄咄逼人"的目光全部投向了我。容不得思考，我回答道：你似乎特别重视一个人和家庭、家族之间"根"的连接，也就是我们中国人讲的"孝道"。来访"秋山木工"前，承蒙清水老师关照，找到一张 NHK 介绍"秋山木工"的纪录片光碟，拜托陈女士寄给我。由于光碟是全日文原版，对我来说，仿佛是观看"哑剧"。我接着告诉秋山先生，光碟中有一段画面深深地触动了我：下着小雨，你回到老家的墓园，为自己的父母扫墓。身着深色的西服和领带，你虔诚、肃穆、一丝不苟地清扫墓地，擦洗墓碑。与此同时，你十分投入地和父母交谈着。我今天特别想当面请教，当时你"事死如事生"，边扫墓边和父母交谈的内容。秋山先生不假思索，很高兴地回答道：我在感谢我的父母，虽然我的祖上是历代贵族，但父母带给我贫穷。由此，我从青少年时期起努力不懈，以至于很早就悟到人生大道：为天命而活。

参访结束时，秋山先生赠我日文版的《匠人精神》，亲笔签名，并用日文写下：为天命而活。日文版的封面上，是稻盛先生对秋山先生的赞语：透过磨砺心性，使人生变得丰富多彩的日式工作法。出于欲了解"为天命而活"的人，是如何探究出一流人品育成的法则，我问秋山先生能否将此书在台湾出版，秋山先生一口答应。感谢"亦师亦友"的蔡志忠先生推荐，大块出版社郝明义先生鼎力相助，《匠人精神》只用了不到三个月的时间就在台湾出版发行。今年三月初，因《匠人精神》发行推广活动，得以和秋山先生在台北朝夕相处一周，近距离耳闻、目睹、心受他那无私而充沛的能量，在生命的每一个当下，为人"演""说"何为"为天命而活"。也正是，3月6日中午在台北亚都饭店天香楼为秋山先生饯行的午宴上，大陆出版界的老行尊董秀玉老师，深具慧眼，为振兴大陆几乎失传的"匠人精神"，和秋山先生握手成交《匠人精神》在大陆的出版发行。

这几年，我这个门外汉，因辅导年轻人创业，一路摸着石头过河。从做事开始，后来发现还真是"事在人为"。要想把事做好，先要把人做好。渐渐地走到了"己成，则物成"，"先德行，后技能"，"有成人而后有成事"的"尊古训"道路上了。成人，也就是古人讲的，真正的君子，或俗话说的德、才兼备的人。如何培养一个"成人"？我们的古圣先贤认为"君子务本，本立而道生"，如下两个方面，即为成人之大本。一曰：发心。解决"为何？"，即大到包括"人为什么活着？"，小到"我为什么做当下这件事？"。二曰：愿力。解决"如何？"，即对自己发心去做的正确之事，如何能够无怨无悔，甚至"甘愿受，欢喜做"，十年、二十年、三十年如一日，乃至一辈子去坚持，进而"苟日新，日日新，又日新"。把简单的事情做到极致，功到自然成，最终"止于至善"。正如古大德云："成大人成小人全看发心，成大事成小事都在愿力"。

发心怎么教？"秋山木工"的方法直溯人伦本源：首先要取悦父母，每天要像作战一样，拼命努力，做出让父母高兴、吃惊、感动的事情来。父母满足，我们仿佛到了天国。一个不能取悦父母的人，是不能让同仁和客人高兴的。事实上，发心或德行，也是儒家讲的"正心和诚意"，是最难教的。实践表明，只能通过一个"正心诚意"的好榜样，如老师、师父、家长、领导者，垂范身边的人。形象地说，"人们看到他，就知道做人的最高标准，信仰他并想成为他"。秋山先生就是这样一位立身行道的严师和教父，历45年，秉持天命，心中只存一念：培养至少十个在德、技二业超过秋山利辉的人。虽然经历大苦大难，癌症病痛，也丝毫不改初衷（发心），其结果桃李不言，下自成蹊，甚至癌症也不治而愈。"以身作则"，"上行下效"，"孝顺父母，还生孝顺儿"，都是在讲德政和德行的教育。正所谓：政者，正也。其身正，不令而行；其身不正，虽令不从。其实中国五千年精神传承的主要核心即是"孝道，师道"。正如《孝经》所云：夫孝，德之本也，教之所由生也。《弟子规》更是开宗明义：弟子规，圣人训，首孝悌，次谨信，泛爱众，而亲仁，有余力，则学文。就连出世的佛家在《优婆塞戒经》中也教导大家：孝顺父母师僧三宝，孝顺，至道之法。孝名为戒，亦名制止。是世出世间，莫不以孝为本也。

　　愿力如何培养？秋山先生四十余年的探索，把做人的基本功，根据"老僧常谈"，总结出了"匠人须知30条"。难能可贵之处，"秋山木工"要求在八年苦行僧式的学徒生涯中，每人能够每天背诵三至五遍"匠人须知30条"，八年累计一万遍左右。同时在相对封闭的集体生活、工作的环境中，时刻对照自己如何把"匠人须知30条"去落实和践行。学徒每天晚上都会静下心来，如实反省今日所作所为，并尽心尽力用日志形式向师长、父母"汇报"。每两周会把写（或画）满日志的素描本寄给父母，通常父母在阅读后会感动得泪流满面，并在日志上留下感动或祝福、鼓励的话语，然后再寄回"秋山木工"。每日的朝会上，学徒当众读出父母的寄语时，往往也感激涕零。自愿努力和奋发向上的动力，由衷升起。秋山先生讲：我们培养的是一流人才，而一流人才首重人品，其次才是专业技能。我的时间和精力95%花在教育人品，5%花在教育木工技能。其结果是每年"秋山木工"的学徒都能在日本木工大赛上名列前茅。如此八年，不断磨砺心性，既圆融了亲情，又在"德"、"技"双修的道路上，增添了无穷而自然的动力。

写到此，不禁想到，《弟子规》正被国人广泛诵读。这一现象诚然可喜，若能进一步把《弟子规》像"秋山木工"的"匠人须知30条"由家长、老师、领导以身作则，带领全家、全校、全公司日日去践行，那将会造就多少一流心性的人才？多少圆满和谐的家庭、学校、企业？更惭愧自己德薄行浅，在孝悌传家，正己化人、助人的道路上尚须勇猛精进。秋山先生以及他的"秋山木工"留给我们的"匠人精神"正是他们师徒"为自己，为他人，为社会工作，生命将会熠熠生辉"的真实写照。

而培养一流人品和"匠人精神"的根本下手处，正是中国古圣先贤的"绝活"：圣人之治，孝悌而已矣。真是大道至简。曾几何时，文王领百官以孝治天下，"举孝廉"而有周朝八百年江山；孔老夫子，在晚年更是不请自说《孝经》，一个"孝"字行到极致，妙不可言：小可齐家，大可治国；汉文帝，贵为一国之君，在病榻前，亲力亲为，侍母三年，行不言之教，成为文武百官德行的榜样，以孝治国，"文景之治"历四十载辉煌。在此谋求中华民族伟大复兴的时节因缘，我从"秋山木工"以孝育人的成功实践，看到我们民族文化之魂、之根仍不失其感天动地的巨大能量。并以拳拳之心，祈愿以孝育人、孝治天下的盛世再现神州大地。

再一次感谢为秋山先生的书能与中文读者见面而付出的所有人，特别要感谢陈晓丽女士的无私帮助，为了在出版前让我和出版社同仁了解本书的内容，她居然翻译了全书。没想到出版社多方比较后，也"找不到更到位的译稿"，陈女士因此也"意外地"成为了本书的译者。祝愿有缘的读者诸君能从秋山先生培养一流人才心性的法则中汲取营养，成就自己圆满幸福的家庭、事业和人生。

（本文作者为扫除道传习中心发起人）

推荐序二

全心全意投入，终有修成正果的一天

严长寿

在这个一味讲求速效、刺激，追求创意、美学的现代社会里，能够看到秋山利辉先生以八年时间训练一名一流家具匠人的种种精神、观念与做法，实在令人万分惊艳、佩服不已！

日本对于工匠传统的承袭与执着的精神，可以说是早早就深植于社会的普遍价值。近年来受到西方社会追逐快速成效的大环境影响，难免也看到日本正在逐渐迷失中。值此时刻，竟可看到这样一股力量的再延续，赞叹之余，更让人不禁感到这正是台湾目前最需要、也最欠缺的职人精神——一种由文化自信转换而成的坚持与执着。

电影《一代宗师》里有句话："功夫是什么？就是时间。"目前台湾的社会，许多人拼命考取证照、参加比赛，希望获取名声与掌声，却不愿意从头老老实实地蹲好每一个马步，从平地起高楼、聚沙成塔。真正的成功，是从最不起眼、最基本的开始反复练习，才能打好最坚实的基底能力。

在秋山先生所创立的"八年育人制度"里，我看到了台湾失之已久的"师徒制度"活生生、淋漓尽致地发挥了强大的力量与回响；更在秋山先生首重学徒品格与心性的锻炼中，看到严格执行学徒一律剃光头，让学徒展现坚定的决心与专心一志的做法，是多么地难能可贵！

"世界愈快，心则慢！"这句时下人人朗朗上口的广告文句，也正反映出我们必须静下心来寻找自己的优势，回到基本面，去做对的事情。当每一个人都愿意慢慢稳扎稳打，脚踏实地以愚公移山的坚持，发动来自内在的力量，以一种近乎禅人的修持，不轻看自己，不受外境干扰，全心全意投入，终会有修成正果的一天。

而正值我们重新检讨技职教育的当下，这本书无疑及时地给了我们最真实、也最恳切的提醒！

（本文作者为台湾公益平台文化基金会董事长）

企业生命力

智然

六年前,读稻盛和夫先生的《活法》,喜出望外。之后,结合明朝的《了凡四训》跟中国企业家一起分享稻盛经营哲学,"提升心性,拓展经营"。今天,又读到另一位传奇的日本企业家秋山利辉先生的神奇经历《匠人精神》,更有一种难以言表的欣喜。日本企业家,学习中国文化,深度应用在企业经营及管理当中,取得了巨大的成功,获得了良好的成果。他们的成功经验,值得中国企业家借鉴。

学习中国文化,建立中国特色企业文化,提升企业生命力,化解经营危机,实现可持续发展(传承),既是中国文化的使命,更是中国企业家自我完善的目标。

秋山利辉先生,用"活力"这个词,可以概括他经营企业的传奇经历。

生意靠活力,生活靠活力,生命更离不开活力。若问,企业经营什么是活力?资金,科技,产品,品牌,不是企业生命力的核心要素。那么,经营企业究竟靠什么?决定公司生死存亡的是"活力"。

古人养生，贵在通经活络。医家云，"气是一条龙，哪里不通哪里痛；血是一条江，哪里不到哪里伤"。人以为"气血"是活力，窃以为"通"是活力。古今言商，无非一个"通"字。云，"生意兴隆通四海，财源茂盛达三江"。若有技术，有产品，有资金，也有品牌，却不能"通"，还是"死路一条"。通四海，达三江，首先是通达四海三江的人心，先做"通人"，再做"达人"。今日经商，最缺乏的是"通"的功夫。家庭生活，也不能离开"通"字。做人，做企业，生命之道，贵在"通"字。医道云，"通则不痛，痛则不通"。做人，为人子女，与父母通否？夫妻之间，通否？企业管理，老板与员工，其心通否？做生意，客户通否？通则有活力，痛必伤活力。今日企业，经营危机，管理危机，市场危机，资金危机，人才危机，产品危机，技术危机，甚至成本危机，大大小小的一切企业危机，痛则不通，无不是因为没有"通"而造成的。

71岁的秋山利辉先生，27岁创办"秋山木工"，从"通"入手，以造就"通人"、培育"达人"为目标，用40年培养了50位"通人"，并传承了培养"达人"的师徒制度。一年预科，四年学做徒，三年学带徒，八年后自立，或留或走，通达天下。与其说秋山先生是企业家，不如说他是培育"通人"的大师父更确切。秋山师父，在企业经营及管理过程中，培育了一批"通人"，并形成及完善了一套造就"达人"的成熟方法。

"秋山木工"是一家专业订制家具的日本公司，他们要求自己为客户制作能够使用百年或两百年以上的家具。日本官内厅、迎宾馆、国会议事堂、知名大饭店等，都在使用他们的精良制作。在制作百年家具中，"秋山木工"更造就了充满"活力"的"通人"，并且把世代相传而今失传的"师徒制"修复了。

培育"通人"，首先与父母通，百善孝为先。

在"秋山木工"，新学徒每日要向父母写"修业报告"，报告他们的进步及过失，生命的感悟，学徒的心得。《弟子规》云，"事虽小，勿擅为，苟擅为，子道亏。"心中有父母，立命有根。每次，父母都会认真阅读，并提出希望，或给予鼓励，或有所建议。《弟子规》云，"亲所好，力为具，亲所恶，谨为去。"定期，秋山师父都会组织徒弟分享，相互帮助，彼此学习。所以，在"秋山木工"，徒弟们的工作动机，不是为多赚钱，也不是为少干活，而是为了"光宗耀祖"，令父母满意，报祖宗的恩。他们不是为老板在工作，不是为公司在进步，也不是为赚钱在学徒，更不是为了吃喝玩乐在上班。他们的工作动力是亲情，他们的生命观是报恩，他们的价值观是亲人满意。《孝经》云，"不爱其亲而爱他人者谓之悖德，不敬其亲而敬他人者谓之悖礼。"其实，每个人就像一棵生命树，父母及祖是根。孝亲敬祖，就是我们的心，与父母紧密相连。念念为父母，连根养根，根深"业"茂。《孝经》云，"孝悌之至，通于神明，光于四海，无所不通。"人生"诸事不顺，皆因不孝。"与父母不通，岂能通师父、同事及客人。

其次，与师父通。师道尊严，严师出高徒。

徒弟跟师父生活在一起，言谈举止，吃饭走路，为人处事，都要进行严格的训练。跟师父不仅学做事，更在学做人，学做"通人"。韩愈云，"师者，传道授业解惑。"传道，传做人之道；授业，授木工手艺；解惑，解生命之惑。秋山师父自己就是大孝子，他说，不会孝的人不可能成为一流人才。一流的人才，从一流的心性而来，孝是第一心性。师父师父，老师如父。徒弟除了盂兰盆节回家，其他时间必须跟着师父生活。耳濡目染，耳提面命，言传身教，手把手，心传心，命同命，长时熏修，如金入模，必成其器。谚语云，龙生龙，凤生凤，老鼠的儿子会打洞。若不能与师父通，又岂能跟同事通、跟客户通、与工具通、与家具通？

再次，与同事通。集体生活，共同工作，彼此学习，互相帮助，通心通气，齐心协力。

"秋山木工"的学徒，饮食起居，工作学习，必须生活在一起。彼此开放，相互透明，胜似家人。今人自我，想自己多，顾别人少，彼此不通。集体生活，朝夕相处，相互照顾，心心相印，事事相应，自然形成一个生命共同体。

在无我的生命系统中，从自我到无我，从小我到大我，从假我到真我，生命在完善，人生更完美，通在其中。通父母，通师父，通同事，舍小我，成大我，修业就是修一个"通"字，化自我为无我。

再次，与邻里通。

"秋山木工"的学徒，每日清扫街道，清洁环境，给邻里一个整洁舒适的生活。虽然不是在制作家具，也没有钱赚，但却在帮助徒弟修炼"通"的功夫。事虽小，但修"通"的心，可以通天通地，通人通事。

再次，与客户通。为人着想，让客户满意，更令其意外惊喜及"感动"。

不是为钱工作，而是为客户工作。为钱工作想自己，为客户的需要想别人。不是我要为客户做什么，而是始终关注"客户需要我为他做什么"。不仅要按"合同"制作家具，更要关注客户心灵深处的需要，为客人精打细算，让客户意外，令人惊喜。客人能表达的需求是有限的，一定要能洞悉客人无法表达的想法。秋山师父常教导徒弟，一定要让客人"感动"。不要把客人当别人，一定要把客人当自己，为人着想，乐于助人，为他尽责。今日经商，为钱而忘记了客人，弄虚作假，以假乱真，以次充好，坑蒙拐骗，谋财害命，求人、骗人、怨人及害人，与客人不通，故痛，经营危机此起彼伏。

再次，与工具通。

制作家具，工具是重要的。学会使用工具，甚至巧用工具，是"秋山木工"的基本功。同样的工具，粗人粗用，细人细用，巧人巧用，粗细巧拙，在人不在工具。与工具通，从粗到细，从拙到巧，人人热爱工具，个个感恩工具，随时保养工具，事事善用工具，甚至恭敬工具。"秋山木工"30条中，第13条，"进入作业场所前，必须成为随时准备好工具的人。"第20条，"进入作业场所前，必须成为能够熟练使用工具的人。"把工具用好，用的是工具，通的是人心。

再次，与所制作的家具通。

心里有什么样式，制作就成什么样子。人有什么品格，家具就有什么品质。念念为家具，把制作家具当生孩子，精心呵护，细心照料，神情专注，聚精会神，一丝不苟，专心致志。与其说制作家具，不如说在造就做人的"品格"。家具成了，人品也成了，通的功夫也成了。

再次，跟徒弟通。

预科一年，学做徒弟四年，之后要用三年学带徒弟，传承。从徒弟到师父，要学老师父带徒弟，亲如父，严如师，同命运，共呼吸。传承是道义。失传，是师父的耻辱。一者更加严以律己，二者不忘言传身教。谨守"秋山木工"30条，事事修通。譬如"五打"，事虽小，利益大，功夫深。

一会打招呼（第 1 条），二会打电话（第 26 条），三会打报告（第 30 条），四会打扫卫生（第 14 条），五会打动人心（第 19 条）。

企业做强做大，更要做好、做久。日本长寿企业的数量全球第一。千年企业 9 家，五百年企业 39 家，二百年企业 3416 家，百年企业 50000 余家。考察其长寿的秘诀，首先是有通古知今的传人。没有传人，哪有传承。故培育传人，是企业经营及管理的第一要务。

白居易七岁曾诗，"离离原上草，一岁一枯荣，野火烧不尽，春风吹又生"，何以能"又生"？唯在有传人。清末鸿儒俞樾，一句"花落春仍在"，颇得曾国藩赞叹。何谓"花落"而"春仍在"？有传人。

培育"能通能达"的传人，"秋山木工"方向明确，方法正确，反复练习，故"师徒制"功到自成。

秋山师父经营企业的传奇经历，让我不禁问自己，企业经营，赚钱第一，还是培育"通达"的传人第一？生意，生活，生命，孰轻孰重？

（本文作者为心理学家）

一流的匠人，人品比技术更重要

秋山利辉

我是日本神奈川县横滨市都筑区"秋山木工"的经营者，从事订制家具制作业务。我们是一家小企业，现有员工 34 人，年销售额 10 亿日元左右。"秋山木工"为客户提供可使用一百年、两百年的家具，全部由拥有可靠技术的一流家具工匠亲手打造。

在"秋山木工"，经常有来自日本全国，甚至海外的著名企业经营者或干部来我们工房参观；此外，每天也都会接到演讲、上电视的邀请或采访要求。除了企业，还有来自政府机关、教育机构、医院和警察单位等各行各业的人来找我咨询。

人们之所以对我们如此关注，是因为"秋山木工""培养一流人才"的方式，受到社会各界青睐的缘故。

为了把年轻学徒培养成一流家具工匠，"秋山木工"制定了一套长达八年的独特人才培养制度。年轻学徒要在八年的时间里，做好成为一名工匠的心理建设，培养正确的生活态度、基本训练、工作规划、知识和技术等成为一名合格工匠所须的一切，从第九年开始独立出去打天下。

我相信"一流的匠人，人品比技术更重要"，所以在每天的学习中，不仅磨砺学生们的技术，更注重锤炼他们的人品。如果人品达不到一流，无论掌握了多么高超的技术，在"秋山木工"也不承认他是真正的匠人。

有人曾质疑"秋山木工"这样要求太严格了，但我觉得，既是"一流"，就应该和平庸之辈有着明显的区别，所以人品达不到一流是绝对不行的。而且，没有"超"一流的人品，单凭工作打动人心，是不可能做到的。

迄今为止，我花了近四十年的时间孜孜不倦地培养人才，目的是为了培养出真正的一流匠人，将属于"日本一流"送往全日本、甚至全世界。我希望透过家具让人们感动，透过"秋山制造"让世人了解日本人的优秀之处，让世界变得更美好。

本书向大家介绍的"匠人须知30条"，是我们独特的人才培养制度的核心内容。这"30条"守则浓缩了培养一流匠人，即一流人才的基本要素。

这些内容不只是针对家具工匠，我们认为也能对商人、学校老师，以及世上必须和人接触而生存的所有人带来裨益。衷心期盼这本书，能对各位的工作和人生有所帮助。

首章

有一流的心性，
必有一流的技术

培育一流匠人

在 44 年前的 1971 年，当时我 27 岁，创立了制作订制家具的"秋山木工"。我在 26 岁时，已经开始接受为日本皇居制作家具的任务了。就在作为一名家具工匠最辉煌的这个时期，我辞去了原来工房的工作，出来创业。

刚开始创业时，我只接到一些规模比较小的工作，但经过一番锻炼并坚持下来以后，渐渐地就开始接到一些比较大的工作了。

如今，从日本宫内厅（负责掌管天皇与皇室事务）、迎宾馆、国会议事堂、高级大饭店、百货公司、名牌精品店、美术馆、医院，乃至于一般家庭，向我们订购家具的客户各式各样、不一而足。

创业之初，整间公司加上我只有 3 名员工，现在加上总公司办公室，成长为共有 34 人的工房。我在创业之初，就决心要培养一流的匠人，亲手打造制造业界的超级明星。

"既然创立了公司，就要让它成为能够持续发展的百年企业。但是，如果不培养有益于社会、有益于他人的一流人才，企业是无法维持那么久的。"

　　就这样，当时只是二十多岁年轻小伙子的我，竟不可思议地对创业充满了信心。那是为什么呢？因为当时 20 世纪 70 年代，正值日本经济高速成长之时，那时在家具业界"组合式家具"(color box) 开始普及，很多客人都觉得这种便宜又方便的家具很好。

　　但那时的家具工匠，沿袭了过去的作风，都非常不好伺候，个个自以为了不起，所以工作量渐渐就少了起来。客人也不会特地花大钱，去拜托不好惹的工匠工作。虽然有人说工匠有所坚持、顽固是好事，但并非所有人都这么认为。

　　"如果不能培养出让客户满意、属于 21 世纪的新工匠，就无法生存下去"，"20 世纪的旧工匠迟早会消失"，这些想法就是我当初对创业充满信心的依据。

　　属于 21 世纪的新工匠，应该是懂得关心他人、知道感恩、能为别人着想的人，是能够说"好的，明白了。请交给我来做"的人，也就是拥有一流人品、"会好好做事"的匠人。

"秋山木工"制定了独特的"匠人研修制度"。

年轻的见习者称为"丁稚"（学徒），住宿舍过集体生活，培养基本生活习惯，并学习正式的木工技术。

江户时代的制造业界，采取徒弟住在师傅家里劳动的学徒制度。在关东，人们称呼学徒为"坊主"或"小僧"，关西则称作"丁稚"。他们在和师傅一起生活的过程中，学习技术和品行，最后成长为能够独当一面的真正工匠。

我出生在奈良县明日香村，在大阪度过了居于人下的学徒时光。年轻时所经历的学徒制度，后来成了"秋山木工""工匠研修制度"的蓝本。

说起来，我是在学徒制度快要消失的时代，赶上了学徒制度的最后一班列车，继承了和师傅亲密接触传承技艺的基因。

在"秋山木工"，凡是希望成为家具工匠的人，首先要进秋山学校完成整整一年的学徒见习课程。

秋山学校是一所寄宿制学校，目的是要培养学员具有真正工匠的心性和基本生活习惯，透过实习和研修让学员好好学习基本知识。学费全免，并针对全体学员设有不须偿还的奖学金制度。

一年的学徒见习课程结束后，才能被录用为正式学徒，然后开始为期四年的基本训练、工作规划和匠人须知的学习。

经过四年的学徒生涯，唯有在技术和心性方面磨炼成熟者，才能被认定为工匠——我会发给他们每人一件印有姓名的"法被"（日式短上衣）。从那时（第六年）开始到第八年的三年间，他们作为工匠，一边工作，一边继续学习。

秋山学校学员一年，加上学徒四年、工匠三年，合计八年的时间。在这期间，作为一名合格工匠所应具备的全部素质已经养成，从第九年开始，我就让他们独立出去闯荡世界了。

每个人独立的方式都不同，由他们自己选择。有的在企业集团内部工作，有的进入其他工房继续深造，有的则是回到家乡自己创业，还有些匠人自己就成为一个活跃于世界各地、到处都通用的品牌。

让八年育成的匠人独立的理由

也许是因为我经常被邀请上电视的缘故，近十年来，每年"秋山木工"打出招聘信息，总会有超过计划聘用人数十倍以上的应聘者前来应征，其中甚至有毕业于两所知名大学的年轻人。以前即使我想找人，连高中里负责毕业生就业的老师都不理我。

因为我把好不容易培养出来的人才，在八年后都让他们出去独立了，所以工房每逢员工新旧交替时，营业额就要下滑一大截，甚至还有不小的一笔负债。

那么，为什么不好好利用好不容易培养出来的人才为公司赚钱，却放手让他们离开呢？关于这个问题，周围有很多人一直骂我傻，但我这么做自有我的理由。

若是一直待在我的手下，他们终究只能在"秋山木工"一展身手；而我的任务是培养能造福社会的匠人，他们必须为大家提供能使用几十年，甚至几个世代的真正家具，

所以我不能将他们当作私有财产，充当自己的分身为我工作。

而且进入工房八年后，这些学徒们大多处于 25 岁到 30 岁的成长旺盛期，此时想让他们成长为一流的匠人，就必须让他们到新环境中去磨炼，所以我希望他们离开工房自己独立。

在我 27 岁创立公司之前，也曾先后在四家工房工作过。每到一家新公司，我都能受到外界刺激，学会以前不会的新技术，薪资也慢慢调涨。

碰到工匠辞职，"秋山木工"总是尽可能地提供帮助。如果他们进入其他工房，我会帮他们选择能有助于成长的去处。由于"秋山木工"的工匠技术高、人品好，所以到处都非常受欢迎。

到目前为止，已经有五十多位工匠，离开"秋山木工"出去自立了。他们作为家具工匠，活跃在日本全国各地，有的还在国外大展身手。现在只要我打声招呼，这些独立出去的工匠们，随时随地都会来帮我，我们已经形成了一个强大的互助网络。看到他们的事业成功，就是我最大的快乐。

学徒制是培育一流人才的摇篮

　　只要反复练习，任何人都能掌握一门技术，但心性却无法通过这种方法提升。我之所以对似乎已过时的"学徒制"情有独钟，就是因为如此。我认为，只有经过集体生活，才能培养替人着想、关心他人的心，以及感恩的情感。其中，最重要的是孝心，不孝顺的人也不能成为一流匠人。

　　直到昭和初期的时候，日本的大家庭还很普遍，和祖父母一起生活是理所当然的，兄弟姐妹也很多，一个屋檐下住了十几口，是很常见的事。尊敬长辈、遵守规矩、照顾手足、维护和睦关系、遇到困难时互相帮助……这些教养在家庭中自然形成，因为如果只顾自己，就无法在人数众多的家庭里生活下去。

　　在这样的家庭里，教导礼仪是奶奶的工作。从筷子的举起、放下，到与人寒暄、回话的方法等，过去即使是很小的孩子，在人前的行为举止也都很大方得体。

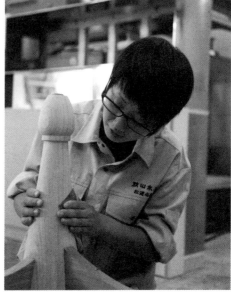

然而，经过战后经济高速成长之后，日本开始步入小家庭时代。孩子变少的现代家庭，虽然有了隐私，但由于父母没有接受良好的教养熏陶，当然也不可能给孩子充分的教养或家庭教育。此外，双职家庭变多了，没有人好好纠正孩子的偏差和任性行为。

没有经历过集体生活的人，不会关心别人，也不会为他人付出。所以，一旦长大出社会，很多人就成为别人的困扰。

在中学毕业后，我因为偶然的机会，经历了当时已将灭亡的"学徒制"。在五年集体生活中，我学到的，不只是家具制作技术，还有作为工匠应有的行为举止。我之所以能有今天这样的成就，都是托"学徒制"的福。

我自认为不是个聪明伶俐的人，在小学和中学时，我的成绩总是"1"。但我并不是懒惰，小学和中学的九年间，我都是全勤，不过在教室里经常被罚站。

因为我姓秋山，点名总是第一个被点到。无论是国语课还是英语课，最先被老师叫起来的总是我。但那时我还不识字，只能默不作声，于是老师就让我一直站着。又因为我家境贫穷，买不起纸笔，直到初中二年级，我才学会用汉字写自己的姓名。

功课不好，那么总该有其他方面的长处吧？比方说，跑得快，或者擅长音乐之类的？可惜的是，我中学毕业的时候，连跳箱都没有跳过去，长跑也比别人整整慢了一圈，一点运动天赋也没有。此外，我也不会画画，还笨嘴拙舌，这样的我在十六岁时，竟然有机会能到大阪的木工厂上班，所以我尊敬师傅的一切，对师傅说的话言听计从。

掌握一门专业技术，并不是一件容易的事。但我和师傅住在一起，24 小时朝夕相处、一起吃饭睡觉，他的一举一动我都看在眼里。在如此奋力的学习期间，我就像吸水海绵一样，一点一点地吸收技术，本领也逐步提高。虽然我的师傅很严厉，但我认为他能传授我们知识已属难得，因此心生感激之情，也磨砺了自己的心志。

这样的环境，不是自己想要就能够遇上的，为此，我唯有感谢把我送上这条学艺道路的父母和周围的亲朋们。

也因如此，我要把自己的这些经历，告诉现在的年轻人：想成长为一流的匠人，首先必须放下自己微不足道的自尊心，将师傅们所授予的知识顺从地全盘接受，不如此便无法获得成长。

除了技术之外，同时必须提升自己的心性，学会感恩。没有诚实和感恩之心，人是无法获得成长的。我还告诫徒弟们，如果你们不愿意尽孝道，不能让父母过得快乐，那么将无法成为真正的一流匠人。

我经常反复指导弟子们的生活态度，我"爱管闲事"、"脸皮厚"和"纠缠不休"，这些事不会输给任何人。每个人都拥有成为一流人才的潜质，但如果没有人反复提点和指引，

成才的种子就不会发芽。

"秋山木工"的评价标准，是技术40%、品行60%。我想培养的，不是"会做事"的工匠，而是"会好好做事"的匠人。所谓"会好好做事"，就是一心想要让客户满意，而且拥有在发生意外事件时，能够从容、自信解决问题的判断力，同时具备能与客户顺畅交流的沟通能力，并且针对家具和材质等问题，无论面对什么样的客户都能侃侃而谈、如数家珍。要培养这样"会好好做事"的匠人，学徒制是最好的方式。

和师傅及师兄弟们整天在一起，可以随时观察他们处理问题的方法，从而"偷学"他们的技术，师兄弟们之间也可以互相学习。当师傅亲自示范时，看到的弟子们都同样得到教益；这种教育模式，能把从技术到品行所有的一切都传授给弟子。

我相信，有一流的心性，必有一流的技术。

进入工房的学徒，无论男女一律留光头，并且禁止使用手机、谈恋爱

想要进入秋山学校的人，要先接受十天的各项训练，并且通过考试才能入学。训练内容包括打招呼、自我介绍、泡茶、打电话等方法，其中最重要的是要"能够顾虑别人"，而关键就在于能否成为"能够感动别人的人"。

"秋山木工"针对以成为工匠为目标的见习者和学徒，颁布了下列十条规则：

1. 不能正确、完整进行自我介绍者不予录取

要不断地练习，直到能在一分钟之内，将自己的姓名、出生地、毕业的学校、家庭成员、八年毕业独立之后的自我期许，以及为什么要进"秋山木工"，还有将来的梦想等介绍清楚。

2. 被秋山学校录取的学徒，无论男女一律留光头

剃光头是为了让学徒们下定决心，要在往后五年的时间内，将全副身心投入学习当中；因为如果决心不够，就无法坚持到底。

3. 禁止使用手机，只许书信联系

禁止使用手机和电子邮件，对外的联络方式以书信取代。书写也是一种训练，如果连给客户的感谢信都不会写，是不能胜任工作的。

4. 只有在八月盂兰盆节和正月假期才能见到家人

在一年的学习期间内，只有在八月盂兰盆节和正月，才有共十天的假。除了这些日子之外，即使父母来了也不准见面，因为精神松懈会妨碍学习。

5. 禁止接受父母汇寄的生活费和零用钱

只有使用自己辛苦工作赚来的薪水，购买被称为"工匠生命"的工具才会珍惜。如果用别人的钱购买很棒的工具，也不会有任何感动。

6. 研修期间，绝对禁止谈恋爱

一旦发现有人谈恋爱，立即开除。为了习得一生赖以生存的技艺，在五年学徒的期间，除了如何成为一流匠人之外，

必须心无旁骛、专心学习。

7. 早晨从跑步开始

每天早晨，所有人都要跑步，花十五分钟沿着街道跑一圈。通过这种方式，让大家振作精神，同时培养集体意识。

8. 大家一起做饭，禁止挑食

准备饭菜和饭后收拾的工作，主要由入校第一、第二年的弟子承担。挑食的人往往也会挑工作、挑人，因此克服不喜欢的食物也很重要。

9. 工作之前先扫除

打扫街道、打扫厂区、清扫机械、清扫车辆、清扫仓库。为了磨砺心志，工作之前先扫除。

10. 朝会上，齐声高喊"匠人须知30条"

为了让学徒牢记一流的匠人是怎样的，每天早上所有人一定要齐声高喊"匠人须知30条"。通过这种反复朗诵，让一流匠人的标准，渗透到他们的潜意识中。

如此一系列的严格训练，都是为了将来成长为一流匠人所打的基础。在年轻时的这八年学习，将成为一生的自我支

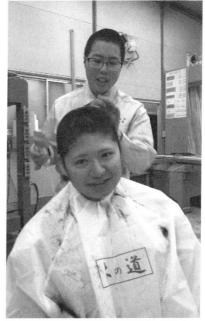

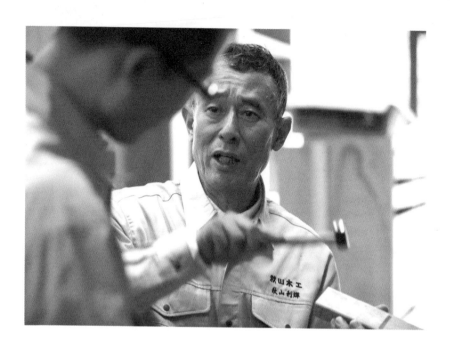

柱。2013 年已经年满 70 岁的我，还在参加早晨的跑步、准备饭菜，以及进行大扫除等所有活动。因为我是社长，所以当然要以身作则。我始终和徒弟们在一起，如果出现了什么问题，马上便能发现。比方说，当我们一起吃饭时，我会注意他们的吃法，如果发现不妥，便会立刻指正。

我认为，徒弟们和我的家人一样重要，所以就算是比较严厉的话，也要不断地重复说，好让他们成为出类拔萃的人。也许他们以后有机会和客户一起进餐，所以必须懂得正确的用餐礼仪。平常我和徒弟们一起吃饭，就能够及时提醒他们注意自己的吃法。

在打扫和跑步的活动中，我在与不在的情况也大不相同。那些猜想"今天社长也许不会来了"就松懈下来的人，多半是平时就偷懒的孩子。对于整天满腹牢骚或发呆走神的弟子，我一定会狠狠地修理。等他们渐渐醒悟，就会变得在任何时候，都能保持雷厉风行的作风了。我会坚持反复提醒、不停指正，直到他们有所改变为止，因为这是我的职责。

我是真心想把他们培养成真正人才，才会这样严厉地责备他们。也许孩子们的父母，对我的做法很反感，但只要是出于真心培养弟子，就能够斥责他们，端看领导者是否具有这样的决心。

刚开始的时候，有不少人对我提出质疑，认为现在已经没人要跟从"学徒制"了。但是，却有很多毕业于国立大学

和知名私立大学的年轻人、已有社会经验的年轻人，前来"秋山木工"应征。

实际上，愿意来我这里拜师学艺的年轻人有很多，他们有的希望成为工匠，有的希望在工作中获得感动，有的希望成为一个能让顾客感动的人，还有些人想让父母大吃一惊。

尽管有些人可能中途退学，但他们都是认真做到最后，才做出决断。临走前，他们说在"秋山木工"学到的经验，一定能在今后的工作中发挥功用；有幸能在这里学习，真是太好了！他们的父母也都为我能收留他们的孩子而表示感谢。因为我对他们是真心实意的，所以我们的心是相通的。

当然，如果只是一味严厉，就会让现在的孩子敬而远之，所以"秋山木工"每个月举办一次寿喜烧联欢会，这已经成为惯例。让大家就着一口锅吃东西也是别有用意的，例如会说"你先吃"，自然形成互相谦让的氛围。有时，师兄会善意地拍一下师弟的脑袋说："你把感冒传染给我了！"这种场合为师兄弟们建立真正的兄弟般友好关系，提供了绝佳的机会。

在"秋山木工"，我就像是他们的父母，甚至是"祖父"一样，每个人则有二十位以上的兄弟姐妹。如果彼此不能建立一种温馨的信赖关系，遇到大事时，指令就无法传达下去。

每天开始工作前是朝会。

"早安！"

"谢谢！"

从大声练习基本寒暄开始，接着确认一天的工作计划，然后全体一起高声背诵"匠人须知30条"。

所谓"秋山木工"的"匠人须知30条"，讲的是作为一名工匠的心理建设，全部以"进入作业场所前，必须成为……的人"的形式列出。

"进入作业场所"也就是"准许工作"的意思。具体来说，在美容室，那就是"准许给客人理发"；换作医生，就是"准许给人看病"；换作厨师，就是"准许为客人烹饪菜肴"；换作演员，就是"准许上台表演"等，这样转换一下就容易理解了。

新员工一进公司，我就发给每人一份用毛笔抄写在B4纸上的"匠人须知30条"，让他们熟记直到一字不差地背诵出

来为止。

"匠人须知"，讲求的是一个"心"字。

在全体学员都能够熟背之后，我要求进公司一年的研修生们，思考我拟定的"匠人须知"，再加上他们的心得，也就是加上自己的"心"，这样就能更深入地理解其中的真义。

制定"匠人须知 30 条"起因于三十年前，也就是我建立工房第十三年的时候。那年工房招了人数最多的一批徒弟，总共八个人。"要怎么把这些人培养成才呢？总得想个办法才行……"，那时我反复思考这个问题而彻夜难眠。突然间，我想起工房当月的标语，感觉就像是上天赐给我的话。

比方说，某年四月的大目标，是"全员同心协力，奋斗到底"，为了达成这个大目标，又列出了若干小目标来执行。就像下列这样：

1. 始终以 101% 的力量来面对事物。

2. 通过扫除磨砺心志。

3. 感谢并尊敬父母，以及教我工作的师傅和工匠们。

4. 检修工具，将它们变成自己的"手足"。

5. 理解工作内容，做好这一步，同时思考下一步。

6. 尽责完成排定的工作，让客户满意。

7. 向顾客道谢致意。

像这样提出大目标之后，再设下具体的小目标，大家各自去实践完成。朝会时，所有人要齐声朗诵这些大目标和小目标。

如此坚持了一年时间，无数的目标在我们手里达成。大家发现当我们每天齐声朗诵目标，并且持续付诸实际行动之后，自己也以惊人的速度成长。

我整理出这些标语，用好几年的时间实践，逐渐形成今天的"匠人须知30条"。如果分析一下这30条的内容，就会发现每一条都是从前长辈们所教导的基本道理。如果人们重视日本人固有的美德，就能磨砺心性和品格，唤醒我们体内属于日本人基因的某种精神。

"秋山木工"的弟子们，每天都要背诵"匠人须知30条"。一天一遍，一年360天，就是360遍。弟子们在秋山学校学习一年，加上四年学徒和三年的工匠深造，总共要在"秋山木工"待上八年的时间。一天背诵一遍"匠人须知30条"，360遍乘以八年，就要背诵2880遍。

不断有客人来访"秋山木工"，弟子们就当着客人的面，背诵"匠人须知30条"。

实际上，"秋山木工"的弟子们，每天都要背诵三四遍"匠人须知30条"，八年下来就有一万遍了。如此反复背诵，在不知不觉间，就会按照"须知"去做了。

一段文字如果只读一遍，或许很快就会忘掉，但如果反复读上一百遍、两百遍，就一定能够牢记。每天每天反复背诵，文字就会进入意识深处，变成我们的血肉。一旦达到这个境界，我们就能不假思索地脱口而出，并且化为实际行动。

如此一来，当我们遇到困难和突发事件的时候，就能不自觉地参照"匠人须知 30 条"去应对，让自己处变不惊。只有做到了这一点，才能算是真正学到家，这样大部分的问题都能够迎刃而解，和师傅与前辈们一起工作时，自然就能完成超出客户期待的产品。

礼仪、感谢、尊敬、关怀、谦虚……这些做人最重要的事，教育的基本，全都浓缩在这套"匠人须知 30 条"中。

附 | 职人工具　**刨刀**

　　我从 16 岁开始使用的这把刨刀，花完我从师傅手里领到的第一笔工资一千五百日元。我曾经使用这把刨刀连续刨了一周的樱花木，樱花木的质地坚硬，没有很大的腕力是刨不动的。刚开始因为不习惯，刨刀老是不听使唤，因为没办法只好将它绑在手上。我花了好几天的时间，才掌握身体连同刨刀一起推动的窍门。

　　要熟练使用工具，你必须亲自去操作。只有反复练习、直到觉得刨刀仿佛长在手掌上一样，能够巧妙运用自如时，才算是真正学到家。当然，全神贯注也很重要。当你气沉丹田，往肚脐方向用力拉刨刀，耳畔响起"嗖"的刨花抽出声时，你会觉得眼前的木头纹理、手感和木香都格外诱人。

正章

『匠人须知30条』

1

进入作业场所前，
必须先学会打招呼

——好的打招呼方式是要让人由衷微笑。积极地与人打
招呼，可以活跃周围的气氛。

给人留下的第一印象的好坏，取决于见面瞬间的打招
呼。成为一流匠人的第一步，便是要有元气地大声与人打
招呼，对方自然也会笑脸相迎地回应。工匠的工作是通过
自己的产品来感动顾客，如果不能好好地与人打招呼，那
无异于去工作现场时忘了带工具，是不可能赢得客户信赖
的。

打招呼时眼睛向下看，嘴里随便嘟哝一句"早安"，
这也是不行的。如果对方只有凑近耳朵才能够听清楚你说
话的声音，那只会让人觉得费劲。所以要反复练习，直到
你能热情地看着对方的眼睛，声音洪亮、完整准确地与人
打招呼为止。

起初与人寒暄时，可能还是做得不够好，但只要全力
以赴练习一个月，就能做到完美地打招呼。一个能够热情
地与人打招呼的人，也一定能够热情地与人交流。

2

进入作业场所前，必须先学会联络、报告、协商

——信息共用，能够让自己和周围的人都顺利进行工作，也能让大家放心。

　　"联络、报告、协商"，是一名员工进行工作的基本条件。经常进行"联络、报告、协商"，可以确定自己在目前的工作中所承担的职责，不仅能让发号施令者放心，要是出现问题，也能够迅速加以应对。

　　"联络"：要直截了当，及时进行。

　　"报告"：要具体、准确，避免使用"相当"、"大概"、"不久"这类模糊词语。

　　"协商"：是在问题发生时，准确抓住问题的关键点，迅速找人商量。

　　当工作上出现问题时，禁止任意判断解决，因为工作并不是凭个人好恶去做的事情。自己擅自处理，往往会把问题扩大。

　　在"秋山木工"，如果发现问题，会马上采取解决措施。看到我们快速处理问题，客户通常会很高兴地说："交给你们真是太好了！"像这样让客户放心，是非常重要的事。

3

进入作业场所前，必须先是
一个开朗的人

——一个人始终保持开朗、乐观的心情，他的周围也会变得明亮、愉快了起来。人们都向身边聚集，订单也自然就来了。

　　我一直坚持让声音洪亮、性格开朗的年轻人进入我的工房。那些板着脸、性格阴郁的人，只会让人有所顾虑。一个人若摆出一张臭脸，就算不上美女或帅哥了。让周围的气氛变得沉重、不愉快，往往只是一瞬间的事。

　　只要作业场所有一位工匠板着脸，势必气氛低沉，导致工作效率降低。所以，要学会控制自己的情绪，保持一种良好的精神状态，这件事也同样非常重要。不过，要让周围的气氛变得富有生气、充满活力，这可不是一件容易的事，即使投入全部精力也不一定能够做得到。所以，我总是主张保持头脑简单点，不要瞻前顾后地考虑太多。

　　试着放弃自尊和矜持，让自己"变傻"一次。"变傻"的关键，是要坦率、谦虚，腾空脑袋，听别人说话，看别人做事。这样一来，我们才能带着感恩的心，以笑脸回应对方："是的，我明白了！"

　　只要我们懂得"变傻"，保持开朗、乐观是很简单的。

4

进入作业场所前，必须成为

不会让周围的人变焦躁的人

——通过感受现场的气氛，站在别人的立场来考虑问题，并且如实付诸行动，也能提升自己的品格。

那些让周围的人变得焦躁的人，多半是习惯以自我为中心、不会考虑别人感受的人。总是优先考虑自身利益、从不站在他人立场上为别人着想的人，是不可能关心顾客的。

工匠制作产品是为了别人，而不是为了自己，所以上面说的这种人并不适合当工匠。

替他人着想可能会很累，但只要我们习惯了这么做，就会发现没有什么事比这更能让人开心的了。

为了取悦对方而使出浑身解数、拿出自己所有的看家本领时，一定能够感动对方。同时，自己也会因此而非常感动。只要尝过这种感动的滋味，自然就会更想为别人付出。

要学会感受现场的气氛，站在别人的立场上考虑问题，然后付诸行动。如果一味坚持自己的立场、强词夺理，别人就会敬而远之。本着坦诚的心，并且持续努力，就能提升自己的技术和品格。

5

进入作业场所前，必须要能够正确听懂别人说的话

——正确理解指令内容、如实执行，也能提升自己的品性。

　　为客户提供超过原本预期的优质产品，是一流匠人的职责所在。要达到这项目标，就必须养成正确倾听他人说话的习惯，我称为"倾听训练"。

　　在日常生活中，如果你想取悦对方，自然就会认真倾听对方说话。如果能养成认真倾听客户说话的习惯，了解对方的成长背景、文学、历史、专门领域的知识，以及兴趣、嗜好等，那么就能做到正确倾听。能够正确倾听，才能够掌握正确的事物。

　　如此反复累积，就能提高理解各种客户的能力，对方也会认为"这个人明白我的意思"而感到放心。无须对方详细说明，就能够明白对方想说什么；无论客人多么有名，也不会感到畏惧。到最后，就能在和对方相谈五分钟后，就知道要怎么做才能让对方惊喜，并且成为一个能够真正了解客户需求、可以干净利落完成任务的工匠。

6

进入作业场所前，必须先是和蔼可亲、好相处的人

——一个和蔼可亲的人，周围的人必定非常乐意让他服
务。

据我所知，一个整天绷着一张臭脸的工匠，工作也难
以做好；自以为了不起的人，也称不上一流。

即使忙碌仍然保持亲切的态度，并且能够全力以赴应
付眼前的问题，才称得上是一流的匠人。

不管是挨师傅训斥或责骂，只要笑着诚恳表示感谢，
就能够得到师傅的教诲。如此一来，工作当然就能不断进
步。

用亲切的态度面对客户，如果对方感觉良好，当然愿
意继续让你服务。同样地，用亲切的态度对待伙伴，大家
的凝聚力就会提高，并且想出好主意，能在短时间内获得
极大的成果。

此外，上司也愿意带和蔼可亲的人去各种场合，如协
商会谈、讲习会、演讲及美术展等，因此变得有机会和各
种人士见面。只要态度诚恳、亲切，就能够获得成长。

7

进入作业场所前，必须成为有责任心的人

——尽责工作必然产生紧张感，这样就能集中心力工作，
  也能提升自己的技能。

　　如果不认为所有的结果都是自己的责任，就无法体会
到感动和喜悦。

　　负责任的行为，是指一旦出现问题，不会逃离现场：
无论是多么细小的问题，都不会含糊敷衍。愈是困难，愈
是认真面对，并且坚持到底。有责任心的人，会把周围人
的差错，全部当成自己的责任。从对象的配置到全面掌握
状况，这样一来便无处不是责任。

　　不过，过分逞强却是要不得的。不了解自己的能力水
准而胡乱扛责任，这样只会导致意外事故。如果为了提升
自己的声望和地位任意妄为，这样只会给周围的人添麻烦。

　　我常说："要带着101%的责任心。"比起全力以赴的
100%，多使出1%的力量来面对事物。只要如此坚持下去，
一旦遇到难题，必能拥有足以冲破难关的一流能力。

　　如果是自己责任范围内的事情，无论好事、坏事，在
全部承担下来、妥善处理的过程中，将被赋予更多的重任，
也会提升品行。

8

进入作业场所前，必须成为
能够好好回应的人

——无论是否明白，都要明确表达出来，这样才能避免
错误发生。

"秋山木工"对于"回答"的规定是这样的：徒弟们在回答我或师兄的工作指示时，要说："是，明白了。"但在回答客户的要求时，则必须说："是，明白了。请交给我来办！"

总是精神饱满回答"是"的人，一定是个积极、有准备的人。想成为专业人才，平时就要进入战斗模式，并拿出101%的努力，否则成不了一流人才。

不能迅速回答的人，工作也是马马虎虎；回答敷衍搪塞的人，更不可能热情工作。无法明确表达意思、回答含糊的人，往往会在事后引发问题，导致争论"说了"或"没说"等情况，结果归咎于"说明不够"而造成现场一片混乱。

一流的匠人，回应的方式也必须是一流的。为了做到这点，就得竖起"倾听之耳"，认真倾听对方所说的话，再充分理解。完整恰当的回答，是准确无误制作产品的第一步。

9

————

进入作业场所前，必须成为
能为他人着想的人

——设身处地为对方着想再行动，这是很重要的一件事。

　　能否站在对方的立场上考虑问题？没有关怀他人之心，就无法成为好工匠。比方说，在餐馆思考要点什么菜色时，如果让店员一直站在旁边等，就是一种不体谅对方的行为。并不是"付钱的就是大爷"，这种行为不仅对店员来说很失礼，也会让周围的人感觉不舒服，遑论谈什么好人品。

　　这种人品不佳的人，无法成为一流的人才。所谓"一流"，是无论在什么场合，都能够设身处地为对方着想。

　　刨刀和凿子如果经常保养，就会变得顺手。相反地，如果不关心自己使用的工具，受伤的也是自己，报应终究会回到自己的身上。

　　一个不为他人着想的人，是做不好工作的。

　　任何时候都要为对方着想，甚至更甚于为自己着想。行动时，不是考虑自己是否方便，而是要配合对方。一个为别人着想的人是受人欢迎的，能够处处为别人着想、心地善良的人，他的工作必然能够打动人心。

10

进入作业场所前，必须成为『爱管闲事』的人

——如果是为了对方好，即使得罪人，该说的话也要说，
　　这点很重要。

　　所谓"爱管闲事"，就是对方没让你做，你却去做的事。
但如果是出于为对方好，而且真的觉得有必要做的话，那
就不是"多管闲事"。

　　最近看到有些人身为主管，却不管部属，或者明知部
属犯错却放任不管，还有人在别人遇到困难时，一副漠不
关心的态度，像这样不关心别人都是不对的。

　　每个人都有能力，但有些人如果没有人反复"爱管闲
事"、训斥他，他的能力就无法发挥。所以，我总是不厌
其烦一百次、两百次地管徒弟们的"闲事"，直到他们察
觉为止。在"秋山木工"，前辈如果不管后辈的"闲事"，
他们就不能被当作师兄。

　　比起被管的人，管别人的"闲事"，需要更多倍的心
力和勇气。如果不是经常盯着对方，就难以保证"闲事"
管得恰当，所以需要花费许多时间。

　　如果能以感激之心看待别人的"爱管闲事"，这样的
人就能够获得成长。

11

进入作业场所前，必须成为执着的人

——技术和人品不予设限，持续追求更高境界，这件事非常重要。

想要达到一流的工作水准，就要不屈不挠地跟着上司或前辈们学习。

即使被否定，能否说出"请让我再试一次"？如果正面进攻不行，就要拼命纠缠、想办法，找出让对方指导的方法。

所谓"执着"，就是对事情"不放弃"；所谓"不放弃"，也是一种"思想的深度"。反复尝试各种办法，不屈不挠地坚持做下去，直到做好为止，这是成功的最务实做法。中途放弃就是失败，不放弃就能成功。

人如果不满足于现状，持续追求更高境界，就一定会变得执着。不断地自问"要变得如何？"就能开放自身无穷的潜力。

"一遍又一遍，坚持完成一件事的执着"，"专心致志，持续做一件事情的执着"——正是这份"执着"，成就一流。

12

进入作业场所前，必须成为有时间观念的人

——时间永不停息，要紧的是思考自己现在能做的事，不浪费每一瞬间。

总是在意时间的人，一定也是走在前面的人。

时间并不是永远都用不完，从出生那一刻起，人就一秒一秒迈向死亡。如果能够意识到这件事，我们就不会再无忧无虑。

一个人的学习时间也是有限的，但如果能以两倍的速度学习，就能在一年内获得两年的成长；如果能以四倍的速度学习，就能在一年内获得四年的成长。一天二十四个小时，都是我们自己的时间，没有多余的时间出神发呆，一秒钟也没有。

想"从工作中学习"，就要非常认真地过好每一天。唯有对每件事全力以赴、从不后悔、坚持到底的人，才能成长为一流的人才。那些认为"只是一天"、"只有一个小时"、"才一分钟"、"一秒就好"而不懂珍惜时间的人，是无法成长的。因为这些"仅仅"累积起来，就变成巨大的差异。

珍惜时间的人，会随时做好投入工作的准备，所以总是能够遵守时间，信守承诺。

13

进入作业场所前，必须成为随时准备好工具的人

——工具配备得整齐完善，就可以马上投入工作。此外，工具是帮助我们一辈子的好伙伴，收拾整齐是对它们表达感谢的方式。

"会好好做事"的工匠，总会第一个进入作业场所，做好各种准备工作、预备好自己，在工作结束后也会收拾整理完毕才离开。

工具必须保持随时可用，而且处于最好的状态中。由于随时都准备好投入工作，所以可以马上启动，使出101%的力量。

一天不检修保养工具，那天的工作就会受到影响。如果没有妥善检修工具，就无法胜任精细的工作，不仅浪费了很多时间，还可能会一直受累。

如果懂得爱惜工具，工具也会助你一臂之力。当你爱惜工具，就会相信工具，动作自然就会变得灵敏，也能妥善完成手头工作，而这些工具也更经久耐用。在我的工具箱里，就有好几个用了五十多年的刨刀和凿子。

如果每天都将工具检修收拾得很整齐，一到作业场所就能马上看出需要用到什么工具，并且很有规划地进行工作。

如果能像使用自己的手脚一样使用工具，这样的人就能成为一流的匠人。

14

进入作业场所前，必须成为很会打扫整理的人

——收拾打扫是工作的最后一道程序，直接影响到下次工作的展开，所以很重要。

擅长打扫的人，也一定擅长工作。打扫工作有九成是收拾整理，将不要的东西清理丢掉，把身边需要的工具摆放整齐，提前做好这些非常重要。最后，才用扫帚扫除垃圾和灰尘。

若能做好打扫工作，就能更好地呈现自己制作的家具。一件家具无论制作得多么精良，如果很脏地送到顾客那里，对方一定不会开心。拉开门或抽屉后，要确认是不是还有残留的木屑，不仅表面，里面是否也擦干净了？要不留一丝污迹，以最好的状态送到客户手中，这件事非常重要。

如果自认为已经打扫干净了，但看起来却不是那样，这是因为未能掌握正确扫除方法的缘故。

要让身体记住打扫的方法，必须进行彻底的训练。每天早上，从打扫门口做起，接下来打扫厂区、宿舍、厕所、机械、车辆，就像为自己洗澡一样，把这些地方用心清扫一遍。

如果怀着感激之情、带着慰劳的心去做扫除工作，便能培养自己的心性。仅仅透过扫除，也能提升我们的技术和品格。

15

进入作业场所前，必须成为明白自身立场的人

——重要的是明辨自己当前的立场，想好应该做什么，然后立即付诸行动。

忘记自身立场而不肯付出努力或心怀不满的人，将无法掌握重要的技能。相反地，能明了自己的立场且努力贯彻的人，领导者看见了一定会伸出手来援助。

师傅的立场，就如同战国时代的将军，即使自己想要动手也得忍住，必须掌握整体状况、发出正确指令，防止浪费或执行得不彻底；而工匠的立场，则是迅速、正确地执行上级的指示。

师傅和工匠的立场是不一样的，如果彼此坚持各自的立场，就能完成高水准的工作。不过，对二者来说，客户是订购物品、委托制作的人，在这点的立场上是一致的，所以必须同心协力为客户服务。

人的立场有很多种，如果不断地思考自己应尽的本分，自然就能够理解对方的愿望，进而明白应该怎么做。换言之，了解立场能够培养出一流的人才。

16

——

进入作业场所前，必须成为能够积极思考的人

——总在思考今后要成为怎样的人，无论遇到什么问题都能够积极面对，这样的人一定能够成长。

　　人，只有在面对自己真正想做的事，才能够确实完成那件事。"……年后我将成为一流的选手！"如果能像这样，把未来的自己鲜活地描绘出来，那么它将成为事实。

　　要是出现困难，那也是为了提升个人的能力而出现的挑战。对那些自认为无能为力的人，困难的磨炼，是要帮助他相信自己的基因，因为每个人都是带着某种能力的基因诞生的。

　　往前数前十代到约 300 年前，会有 1024 位祖先，这其中只要少了一个人，就不会有现在的自己。换言之，活在当下的每个人身上，都带有决定运气和才能的基因。

　　想成为业界的超级明星，你必须不怕吃苦，101% 地发挥出自己的能力，面对难题、提升自我，为社会也为了他人而活，这才是作为一个人最大的乐趣。大多数人发挥出来的才能，都不到自己拥有的千分之一，这真是一种浪费。

　　如果你想发挥出自己最大的潜能，那么无论在什么时候，都要保持明朗快活、勇往直前的态度，让自己不断地获得成长。

17

进入作业场所前，必须成为懂得感恩的人

——带着对周围人的支持，心怀感激之情采取行动，这点非常重要。

心怀感激，是工匠的基础。

感谢别人就要说出口，只在心里想着不说出来，对方就不会知道。

感谢父母、感谢家人、感谢自己的孩子、感谢指导我们工作方法的社长、师傅和前辈，同时感谢给予我们工作的人。

如果心怀感恩，就会想道谢。受到他人夸奖，我们会说"谢谢"以表示感谢。感谢的话语，会让周围的人感到温暖。只有懂得感恩，你的人格才能获得成长。

之所以忙碌，是因为别人提供你很多锻炼的机会，所以你要感谢。只有懂得感恩，你的技术才会进步，才能跻身先进者的行列。

即使挨骂或遭受挫折，感恩能够让我们变得谦虚。无论最后的发展是好是坏，能对所有事物心怀感恩的人，就是能学到很多东西、持续成长的人。

18

进入作业场所前，必须成为注重仪容的人

——不修边幅的人，他的思想也一定很混乱。作为一个社会人士，更为了工作安全，仪容非常重要。

注重仪容及仪表，是作为社会人士最基本的礼仪。身为工匠，把自己从头到脚整理得干净、整齐之后再去作业场所十分重要。"秋山木工"的工匠和学员，每个人都穿统一的工作服，胸前绣着工房名和自己的姓名。每个穿着工作服的人，都是代表"秋山木工"的脸孔。

每去拜访客户的时候，必须准备一双白袜子，在进门时换上。这是为了让客户心情愉快地接纳我们，自己也不用担心脚下，从而能够有自信且安全地投入工作。

向顾客道谢或致意的时候，要做到姿势端正、语调明快清晰。

如果身穿脏兮兮的工作服，或是随便席地而坐，可能会让客户感觉不舒服。这样的话，即使是好不容易完成的工作，也全都白费了。

只有把自己打理得干净利落，行为举止得体，才能成为他人认可的工匠。

19

进入作业场所前，必须成为乐于助人的人

——经常想着身边的人需要什么，并且采取行动，这点很重要。

所谓"助人"，是指在看出对方需要什么之后，预先采取行动、提供对方需要的帮助。一个关心别人、行事认真的人，眼里总是能够发现别人看不到的东西，对于培养这项能力的过程，我称为"超能力训练"。

别人叫了才采取行动的，是下下策；模仿别人的行动去做，是中策；不等别人叫，自己意识到并且采取行动的，是上上策。

当看到师兄正在寻找什么的时候，如果师弟能够及时递上需要的工具，工作就能够顺利地进行下去。即使顾客没有特别说明要求，但你也能非常周到地为对方想好很多事，那么对方一定会非常惊喜。

"助人"，就是为了让工作顺利进行而采取的具体行动。如果想做到这一点，就应该抢在前辈之前、抢在老板之前、抢在顾客之前展开行动，而且要及时、迅速。

成为一个拥有前述"超能力"的人，其实很简单。首先，要清除头脑里的私心杂念，然后看别人做的事、听别人说的话，再以高度的紧张感，全神贯注于工作中。

20

能够熟练使用工具的人
进入作业场所前，必须成为

——如果能够善用工具，就像运用自己的手脚一样灵活，就能够制作出感动人的东西。

　　喜欢木材的家具工匠，都能够妥善地使用工具。

　　握在家具工匠手里的，是长达一两百年生命的树木，如果能用这种态度来看待这些木材，决心要让它们毫不浪费、焕发出更灿烂的光彩，赋予它们名为"家具"的新生命，那么你就能变得很会使用工具。

　　手巧的人也许很快就能熟练地使用工具，但正因为学得快，往往会轻视工作而变得傲慢起来。所以，我要求徒弟们进行彻底的训练。

　　即使刚开始时手不够灵巧，经过一段时间的扎实练习，通常就能够运用自如。只要有心，无论多么笨手笨脚的人，都能够获得成长。不过，在练习使用工具的过程中，只是简单地一再重复是不行的，必须用心并且全力以赴，否则不会进步。

　　愈是喜欢木材并用心练习的人，在练习时就愈快乐，也愈容易进步。自己感动了，就会有所成长；如此便能和工具融为一体，就像刨刀长在自己手上一样。

　　担任工匠，必须付出加倍努力，才能取得一流的成绩，了解这点非常重要。

21

能够做好自我介绍的人

进入作业场所前，必须成为

——重新认识自我、让对方了解自己的长处，并讲述个人梦想，这点很重要。

在秋山木工，如果不能在一分钟之内完成自我介绍，就不能入职。

首先，要用二十秒的时间，来介绍自己的出生和成长背景，包括自己的父母、祖父母、曾祖父等祖先和自己的成长经历。

在接下来的二十秒，再介绍自己到目前为止做过最自豪的三件事，包括学业、技术和自己找到的天职等。

最后的二十秒，则是介绍自己的人生目标和梦想，说说自己作为一个人、一个家庭成员、一个领导者，以及一个日本人要做的事。

所谓的自我介绍，其实也就是重新认识自己。通过介绍现在的自己，带给听者感动和鼓舞。

进入"秋山木工"的目的是什么？希望成为什么样的工匠？这几点必须非常明确。除此之外，还要在心里清楚勾勒出未来的愿景，想想一个月、一年乃至四年后的自己会是什么模样，这点非常重要。

能够像这样清楚扼要地做好自我介绍，就能够全力以赴往前冲，即使遇到困难也不会退缩。

22

进入作业场所前，必须成为能够拥有『自豪』的人

——为顾客花费多少心思、做出什么样的东西，能够说
　　明这些很重要。

　　对一名工匠来说，学会"自豪"的本事是很重要的。

　　向客户交货的时候，要夸夸自己制作的家具，例如使
用的是什么地方产的哪种木材，以及为了让家具和摆放空
间协调、花费了多少心思等等。但在说明时，尽量不使用
专业术语，而是要说得简明、易懂，把重点清楚说出。

　　不过，"自豪"和"自大"，是完全不同的两码子事。

　　"自豪"，是为了让对方了解自己所做的家具优点而进
行的介绍，要能够打动对方的心、让人感动；而"自大"，
只会让客户感到厌烦。

　　"我们拼了命在做"、"大家都全心全意工作"等，都
是很棒的"自豪"用语。

　　说话谦逊、语带保守似乎是一种美德，但其实不是。
如果说明时没有信心，能使对方感到满意吗？绝不能让客
户不放心。若是一流的匠人，在面对客户时，必须要能够
专业、流畅、得体地说："怎么样？很棒吧！"

23

能够好好发表意见的人进入作业场所前，必须成为

——重要的是分享各种想法，以便创造出更好的产品。

　　我认为，十个工匠若能有十一种意见，便是好事一件。

　　有一种是"为了成为一流，大家都发表意见"的团队；另一种是"看起来很自由，但大家什么都不说，任其发展"的团队。结果，哪种团队更能够获得成长呢？

　　在"秋山木工"，为了成为一流的匠人，每个人都互相帮助、互相学习。

　　如果是自己做得很好的事，就向同事"自豪"一下，同时也要乐于倾听同事说"自豪"的事。要是从一个同事那里听到有益的话，就马上转告别的同事，只要看见一流的好东西，也会立刻告诉其他人。像这样，把自己的进步传达给其他人，是很重要的。此外，虽然直接表达自己的意见，也不会因此吵架，这是因为大家都抱持着追求真理的态度。很多人为了避免人际关系上的风波和纠纷，总是抱着无所谓的态度，结果既学不到东西，也无法获得成长。

　　一流的匠人，能够说出"如果是我，我会这样做……"的话，即使被人耻笑也不介意。只有坦率地说出自己的意见，与人建立联结、为人接纳，自己才会不断地壮大。

24

——

进入作业场所前，必须成为勤写书信的人

——通过自己的文字来表达感激之情，更能传达自己的
　想法。

　　勤写感谢信，是成为一流匠人的基本条件。写信可以
表达自己的感激之情，不知各位读者在一个月内发出多少
封感谢信？

　　我所认识的成功人士都是勤快的人，无论多忙，必定
在当天写好感谢信；因为过了这段时间，感谢信就变成一
项被疏忽而且没有价值的东西了。

　　对于父母、老师和朋友，应该养成经常写信的习惯。
向自己最亲近的人表达谢意，不仅能取悦他们，也能获得
对方的好感。

　　表达感谢的言语，能够让对方的心情变好、心中充满
温暖；这样一来，自己的心情也会跟着好起来。

　　写信应该避免不必要的繁文缛节，不必使用硬邦邦的词
语，只需向对方表达抽空阅读来信的感谢之意。如果用认真
的态度去写，自然就能够用自己的话，写出传递心意的文章。

　　遇到婚丧祝贺、慰问时，也尽量不用固定格式，而是
用自己的话来表达心意，因为没有人喜欢看抄来的老套文
章。在写这些文字的时候，一定要带着真实情感，让它们
发挥出良好的功用。

25

进入作业场所前，必须成为乐意打扫厕所的人

——通过洗刷最脏的场所，来磨炼自己的心志。

　　工匠的首要条件是谦虚。一个人无论多么有才能，如果傲慢自大，都无法为他人带来幸福。而让人变谦虚最快的捷径，就是打扫厕所；无论是多么脏的厕所，只要认真打扫，都能把它变得像新的一样干净。

　　人也一样。在刚出生的时候，如同一张洁净的白纸，随着年龄增长，渐渐学会了怨恨、嫉妒和傲慢，心灵充满污秽。如果能够完全清除这些污秽，就能够回到纯净的心。人在刚出生的时候，没有人会充满私欲。模范生也好，性情乖僻者也好，人心的本质是一样的，都是美好的。

　　所以，对工匠来说，和私欲战斗、约束自己非常重要。有美丽的心灵，才能够做出美丽的东西。只有扬善去恶，才能愈来愈接近一流。

　　只要活着，每天都要使用厕所和心灵，所以污染是不可避免的。因此，要认真、细致地进行扫除，连看不见的地方都要打扫干净。唯有每天反复这么做、不断累积，我们才能拥有一颗美丽的心灵。

26

进入作业场所前，必须成为善于打电话的人

——在看不见对方的情况下，能够简洁、易懂地表达自己很重要。

愉快地接听电话，是对每个社会人士的基本要求。要是基本的电话应答得不好，会直接影响他人对公司的印象。相反地，如果都能愉快地接听电话，就能够赢得顾客的信任。

一进"秋山木工"，我们首先就会进行电话应答训练。由于电话是只能通过声音和语言进行沟通的工具，所以要反复练习，以免说出失礼的话。

接听电话最重要的一点，是声音要保持清亮、快活。在接听外线电话时，要用愉悦的声音说："您好！我是'秋山木工'的……一直承蒙关照，非常感谢！"并且清楚应答。接听电话时，不能让客户久等，必须做好笔记，重要的事要复述一遍，让对方确认。

在对话的过程中，必须避免使用模糊的字眼，而且解说一定要具体、简单易懂，同时留意措辞礼貌，彬彬有礼地带着感谢的心来应答。

虽然只是一通电话，但如果言辞含混或态度粗鲁，绝对无法成为一流的匠人。即使是在电话前向对方鞠躬行礼，也是没有问题的。接听电话时，做一流的自己非常重要。

27

进入作业场所前，必须成为吃饭速度快的人

——吃饭也是有方法的，要感谢农民和为我们烹煮食物的
人，还要养成不浪费、吃什么都津津有味的习惯，这些
都会影响工作。

在"秋山木工"，从刚进来的学员到第四年的徒弟和社长
我，一共约有二十多人，大家都在一起吃饭。入社第一年的见
习生，负责为住在工房宿舍里的所有人做早饭。因为工匠是一
个团体，如果不集体行动就无法展开工作，所以开动和吃完都
要在一起，只要有一个人吃得比较慢，就会影响所有人的工作。

吃饭时间就专心吃饭，禁止聊工作以外的闲话，更不
能看电视。当大家养成了专心吃饭的习惯以后，吃起饭来
自然就快了。

吃饭的同时，对提供食材和做饭的人，要心怀感激。
如此一来，对饭菜的美味就会变得敏感，也能形成一种对
身体大有裨益的进食方式。

当然，还有禁止挑食。因为如果有人挑食，往后也会
开始挑工作、挑人。

如果发现有人使用筷子的方式错误，或是吃相不佳，
我会及时提醒他们改正。饭后餐具的收拾及清洗，大家会
一起有秩序地完成。

吃饭时间，也是培养一流匠人的重要训练。

28

进入作业场所前，必须成为花钱谨慎的人

——正确理解金钱产生的过程，怀着感恩的心情用钱，
  这点非常重要。

　　"秋山木工"不使用最先进的机械，是因为便利的工
具会荒废工匠的技艺。想要学习技术，就不能使用会扼杀
本领的工具。

　　年轻时习得的技术，将成为一生的财富。如果技术很
高明，即使到了六十岁，仍然可以担任一流匠人做出精彩
的好作品。换句话说，习得一门良好的技术，就如同拥有
许多金钱一样。明白了这个道理，就懂得如何花钱来促使
自己成长。年轻工匠用自己挣得的工资去买一把好的刨刀，
就是在投资自己的未来。如果把钱用在只限于一时快活的
事物上，那就只是浪费而已。

　　不要认为师傅和前辈的指点是理所当然的，他们不计
报酬，抽出自己作为一流匠人的宝贵时间，来指导做人做
事的诀窍，就不该浪费而要心怀感激地学习。

　　想成为一位作品无可挑剔的好工匠，就必须全力以赴
接受训练，即使满身大汗、浑身是泥，也要坚持到底。刚
开始时，可能需要花费很大一番心力，但现在坚持不懈的
努力，可以帮助自己习得一生受用的技术，并且培养高尚
的品格，所以这也是对自己未来的一笔投资。

29

进入作业场所前，必须成为『会打算盘』的人

——速算可以提高使用时间和材料的效率，也能制造出
让客户满意的产品。

　　"读书、写字、打算盘"，是匠人的三大基本功。要做
到快速、有次序地处理工作，就必须具备心算的能力。
　　一流的工匠只要看一眼，马上就知道木材有几成可用。
针对客户的订单，也能够迅速算出需要的材料、时间、人
工，还有怎么做会最有效率等。如果精通心算，就能够胜
任工作，让客户感到满意。
　　"秋山木工"有一条"铁律"，那就是凡是想成为工匠
者，至少必须取得珠算检定三级。我要求学员们必须认真
练习，直到能在自己脑中像拨算盘那么熟练地进行加减乘
除运算，并且能进行两位数心算为止。
　　事实上，如果"会打算盘"的话，就代表拥有多项能
力，例如计算得又快又好，甚至胜过计算器。此外，还有
遇事不放弃、手指灵活、集中力强、身体和大脑均能保持
全速运转等。换言之，这也就掌握了作为一流匠人所必备
的正确性、耐心、缜密性，以及集中力等多项能力，因此
能成为可在瞬间做出正确判断、理解力强的优秀工匠。

30

进入作业场所前，必须成为能够撰写简要工作报告的人

——用简单的笔记记录当天所学，能够再次加深印象，相当于每天用双倍心力学习。

"秋山木工"的学徒们，在每天完成工作以后，都要在素描本的空白图画纸上，写出一天的总结报告。他们通过这种方式，复习当天所做的工作，并预习隔日要做的事情。

报告中当然有成功、做得好的记录，也有失败、挨骂的记录，以及改进的方法等。前辈看完后辈的报告会写上评语，通过这种文字交流，就能明白为什么会失败，了解自己挨批的原因在哪里。

等到第二天、一周、一个月乃至三个月后，当事人重新翻阅这本笔记，就会对自己的成长状况一清二楚。如果被指责的地方有所改进，就表示自己的整体水准上升了，确实有所进步。

当一本工作报告写完后，再附上个人近况，寄给父母、兄弟姊妹、祖父母或恩师看，请他们在报告书上写下或责备或激励的温馨话语，再寄回工房。通过这种方式，我们将学徒们的家人、老师与亲戚朋友"拉进来"，一起培养出一流匠人。

当学徒们意识到周围所有人都支持自己的时候，必然会产生感激之情。有了感激之情，他们就朝一流匠人更迈进了一步。

"匠人须知 30 条" 总结

匠人须知 1　　　进入作业场所前，必须先学会打招呼

匠人须知 2　　　进入作业场所前，必须先学会联络、报告、协商

匠人须知 3　　　进入作业场所前，必须先是一个开朗的人

匠人须知 4　　　进入作业场所前，必须成为不会让周围的人变焦躁的人

匠人须知 5　　　进入作业场所前，必须要能够正确听懂别人说的话

匠人须知 6　　　进入作业场所前，必须先是和蔼可亲、好相处的人

匠人须知 7　　　进入作业场所前，必须成为有责任心的人

匠人须知 8　　　进入作业场所前，必须成为能够好好回应的人

匠人须知 9　　　进入作业场所前，必须成为能为他人着想的人

匠人须知 10　　进入作业场所前，必须成为"爱管闲事"的人

匠人须知 11　　进入作业场所前，必须成为执着的人

匠人须知 12　　进入作业场所前，必须成为有时间观念的人

匠人须知 13　　进入作业场所前，必须成为随时准备好工具的人

匠人须知 14　　进入作业场所前，必须成为很会打扫整理的人

匠人须知 15　　进入作业场所前，必须成为明白自身立场的人

附 ｜ 职人工具　凿子

　　和前面介绍过的刨刀一样，这把凿子也是从我 16 岁开始使用的。买的时候，刀刃是现在的三倍长，经过不断地使用、打磨，现在已经变得这么短了。

　　在工匠的世界，通过工具可以看出工匠技术的好坏：刀刃的损耗表明了工作量，而刃面的锋利可以看出熟练程度。

　　但实际上，要磨出一把好用的凿子，并不是一件容易的事。所以，年轻工匠们每天都要和工具"较量"，把手弄得漆黑，在过程中掌握操作方法。

　　道具数量多，也是工匠技术高明的证据。根据订货品项和工程来进行调整，花工夫替换刀刃形状和尺寸；如此一来，便可更快速、更有效率、更完美地完成工作，令客户满意。

匠人精神

末章

一流匠人的成长之路

守破离
通往一流的道路

大家听说过"守破离"这个词吗？它的原型来自于确立了日本传统戏剧"能乐"的世阿弥之教导，泛见于艺术、茶道、武道、体育等领域。

一开始忠实于"守护"师傅传授的形式，然后"打破"这个形式、自己加以应用，最后"离开"形式开创自己的新境界。所谓"守破离"，正是奠基于师徒关系、通往一流的道路。

我们家具工匠的成长阶段，也正好符合这个"守破离"。

首先是"守"。

从跟着师傅修业，"守"就开始了。要模仿作为工匠的心理建设，以及学习生活态度、基本训练、程序、心得、技术等作为工匠必须具备的所有一切。在这个阶段，对于师傅所说的事情，要全部回答："是，我明白了。"忠实、全力地吸收师傅所传授的知识。

其次是"破"。

所谓"破"，指的是将师傅传授的基本形式，努力下功夫变成自身本领的阶段。通过一边摸索、一边犯错，在师傅的形式中加入自己的想法。此时，如果没有坚实的基础，自己擅加修改也是行不通的。

最后是"离"。

所谓"离"，指的是开创自己新境界的阶段，也就是从师傅那里独立出来。在"秋山木工"，工匠从第九年开始独立，迈向崭新的道路。

每个人都拥有成功的潜质

所谓工匠的心理建设，就是前面介绍的"匠人须知30条"，包含了工作的基本要求、态度、心理准备、意识、技术等，这部分包含了"守"的基本内容。

虽说是培育一流的基本法则，但只要各位读过，就知道没有一条是特别的，全都是日本人自古实践的教导原则，全都是父母、祖父母、寺里的和尚、邻居的叔叔和阿姨教给小朋友的内容，江户时代的孩子们也应该都是这样被教导的。

在我小的时候，父母和祖父母经常对我说："老天爷在看着哟！"就算没有人看见，但是老天爷在看着，绝不能做出有违天理的事情，我便是获得这样的教导。

然而，现代的年轻人在高中或大学毕业之前，并没有被教导这么重要的事情。虽然大人们应该不辞劳苦、好好地教导孩子们礼仪、感谢、尊敬之心这些基本操守，但是

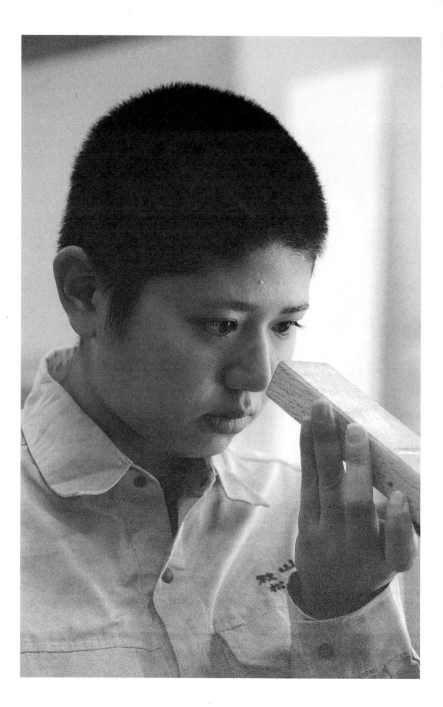

却没有这样做，所以有些人才会连最基本的寒暄都做不好，更遑论一流人才，在社会上也不会有什么贡献。

能在无意识的情况下，自动按照这 30 条守则行动，才可以说"我已经学会了！"如果还一边思考一边说"那个……"的话，就算不上已经学会了。

只说一次、只教一次，不大可能马上就学会，所以我总是认真地传授学徒。"纠缠不休"、"爱管闲事"、"厚脸皮"，说的通通就是我。

所谓"纠缠不休"，指的是坚持不放弃；"爱管闲事"则是对别人的事情感到兴趣、想让别人高兴；"厚脸皮"指的是正面的"贪心"之意。如果我"纠缠不休"、"爱管闲事"、"厚脸皮"地指导学生，一定会有成果。因为大家都拥有很好的潜质，但这不是用脑子去记，而必须用全身心记住。

在每一个修业的日子，对学徒和我来说，都是一场战斗。将来能否作为工匠生存就是由这个修业的时期来决定的，所以一秒钟都不能松懈。

无论在工房或在作业场所的时候，每天二十四小时对我来说，都是一场正式的比赛，都要全力以赴。当然，学徒们也很拼命，所以想逃跑的想法，应该不是一两次。

老实说，禁止精力充沛、玩心重的二十几岁年轻人谈恋爱、发手机短信，要他们专心一志成为一流匠人，这是非同一般的事情。我们大部分的学徒都在二十岁上下，尽管如此，即使在这段时期全部牺牲个人喜好，日后还是可以重新取回以前放弃的东西。

如果抱持着"我只做我薪水分内的事"、"尽量轻松获得成果"这种省事想法的话，就不会拥有真正的实力。即使看似绕了远路，但如果能够忍耐、专心修业，并因此培养出一流的心性和专业技术，在往后的四十年，即使到了六七十岁，也仍然可以作为一流匠人生活。

在每天的修业中，我们要拿出自己 101% 的气力，持续做有益的事情。要不断地累积经验，保持开朗的心境，关心周围的人。

人的精神是不断地松懈的，每个人都希望过得轻松、愉快，所以每天的修业是必需的。

只要战胜自我，每天付出努力，就可以提升自己的心性；无论到哪里，都可以实现真正的自我。

对高学历者说
『当一次傻瓜』

要想真正掌握事物的本质并不是一件简单的事情，所以必须反复练习，这样才能忠实呈现其核心及本质。

为了将自己认为非常了不起的人物所拥有的东西吸收为己有，而能够认真听取教导的人都是纯朴率真的。纯朴率真是一种非常重要的"能力"。精明的人不是这样，即使觉得厉害，只听一次就以为自己全都明白了，心里想着"原来如此"，之后就不再认真听从了。

匠人的道路不是那么好走的，如果不能扎实学会"形式"的话，就无法进入后面的学习阶段。

有很多年轻人来"秋山木工"当见习生，有的才刚高中毕业 18 岁，也有大学毕业、稍具社会经验 30 岁左右的人。那么，30 岁的人，是不是比 18 岁的人成长得更快呢？实际上，有很多情况正好相反。这是因为大学毕业的人，都认为"自己已经会了"，所以不能坦诚学习。当我说：

"照我说的去做。"他们嘴上说："是，知道了。"但实际上，并没有照我说的做，心里想的是："虽然社长刚刚那么说，但应该还有其他的方法吧？"或是"和我知道的方法不一样"、"比起打招呼，我想赶快学会技术"等。就像这样，他们无法马上接受我这位师傅的话，而是加上自己的判断，有时候甚至断然拒绝我的要求。

而我所能够做的，就是让他们明白，原来自己是多么无知，什么都不懂。

有一次，我在学徒们盂兰盆节休假回家的那段时间，做了一张大桌子。我的设计之精妙，让他们无法猜出是怎么做出来的。

当学徒们回来时，我问他们："知道这是谁做的吗？"他们互相看着对方说："在这么短的时间里，是哪个工匠做的啊？"当他们知道是我做的之后，都感到很惊讶。

总之，就是要让他们大吃一惊，他们才会知道自己是多么地浅薄。有时，甚至需要花上一年的时间，才能让他们坦诚地说"是"。而且，愈是出自名校、拥有高学历的人，需要花的时间就愈长。如果不看学历的话，在十个新人中，大概会有一个出类拔萃、手艺灵巧的年轻人，这种人常常会认为只有自己能干，很容易瞧不起别人。

进入"秋山木工"的，都是想成为我的学徒、成为一流匠人的人。如果是这样的话，与其想这想那，倒不如试

着去做那些师傅说"你试试看"的事。在"守"这个阶段，"'不'按照自己的想法做"，正是成长的捷径。

　　只有丢掉自己的小小自尊，坦诚、谦虚地当一次"傻瓜"，这样的人才可能成为一流匠人。

诚挚地打招呼，是成为一流人才的首要条件

在"匠人须知30条"中，打招呼特别重要，所以我将它放在匠人须知的第一条。

在打招呼的时候，我们要真心诚意地看着对方的眼睛，大声、清楚地表示问候，这对工匠来说非常重要。请各位想想，你们愿意将工作托付给连招呼都不会打的工匠吗？

我总是说："我会让声音大的、能够好好打招呼的人，先开始工作。"如果不能好好地打招呼，我也不会带他去作业场所。

"早安"、"谢谢"、"失礼了"、"对不起"——我们必须学会这些，让别人听了心情舒畅，并且不由自主地回应自己。如果你和别人打招呼了，但是对方却没有回应，这不是对方的问题，而是因为你打招呼的方式有问题。

在打招呼的时候，如果你自己的脸部僵硬，那么对方的脸部也会跟着僵硬。如果是阴郁、沉重的问候，那么对

方也会跟着变得沉重，所以只有先改变自己。如果想得到对方很好的回应，就必须先开朗地问候，除此之外别无他法。

要是问诀窍，那就是试着喜欢对方。如果你想取悦对方，就会很自然地露出笑脸，神情愉快地和对方打招呼。

但如果因为自己累了，所以问候声就变小，那就是不体贴了。即使疲倦或情绪不佳，无论什么时候都能够保持开朗、有元气的问候，那便是真正学会打招呼的诀窍。与他人邂逅，也许一生只有这么一次机会，和客户的相遇当然也是如此。

在与人相遇的瞬间，如果能够通过打招呼，让对方的内心泛起一丝笑容，那就是达到最高的境界了。

要无愧于『木之道』

"秋山木工"的制服背后，印有很大的"木之道"字样。所谓"木之道"，指的是为了成为一流匠人的"为人之道"。

我们的制服胸前不但绣有"秋山木工"，还有每个人的全名。无论是学徒还是工匠，不仅穿着制服工作，也穿着制服坐公交车。

因为制服上有工房名称和自己的名字，所以会非常注意自己的仪容和举止。为了不让别人看到懒散的态度，自然而然会紧张起来，自己也会挺直腰板，保持正确的姿势。

即使在公交车中也丝毫不能马虎。一大早上班，即使感到很困，也要好好站立。如果在公交车中坐下，就会变得昏昏沉沉，结果也许会靠在邻座的人身上，给别人添麻烦。背后的"木之道"和绣在胸前的公司名称和姓名，可以随时提醒我们约束自己。

像这些一个一个小小的行动，都能提高自己的技术和人品。

不孝顺的人
无法成为一流

来到"秋山木工"的学徒们对父母的感谢，和在家时相比，会有一百八十度的转变：他们会发现自己以前认为父母的爱是"理所当然的"。以前放学后，父母提供温暖的家、饭菜、松软的床被是理所当然的，不用洗衣服也是理所当然的。但是来到"秋山木工"后，做饭、洗碗、扫地、洗衣服全都要自己来，就会明白自己以前是多么被父母宠爱。如此一来，大家都会非常感谢父母、很想孝顺父母，就会深切地理解父母的苦心，深刻体会"原来父母是这么为我着想啊！"

学会了感谢父母，就会珍惜自己，也会珍惜别人。现在这里的经历，即便是逆境，也会觉得可贵。生命会开始闪闪发光，内心便会涌现出巨大的能量。

不懂得珍惜父母的人，也不会去珍惜没有血缘关系的客户。如果对父母没有感恩之心，便不可能成为一流的匠人。要孝敬父母、要改变自己让父母吃惊——我认为正是这种信念的强弱，决定了一个人能否成为一流的匠人。

和家长一起齐心协力培养孩子

之前一直在家庭的庇护下成长、随心所欲的年轻人，一旦被不习惯的集体生活逼入困境，大概不到十天几乎每一个都会想要辞职。因为见习生每天都要挨师傅我和师兄们的骂，没有一件事情是符合自己意愿的，这种时候他们会先向家人或学校老师说出心里话，所以父母和老师的合作绝对不可缺少。就算他们和家人商量辞职的事，家人必须不能轻易接受，要为他们加油打气。在本人说丧气话的时候，父母是否能听出孩子内心全部的想法？还是给孩子烙上"你果然还是不行"的印记？又或者能督促孩子，对他说："自己决定的事情，就要坚持到底！"父母的态度，是非常重要的。

所以在"秋山木工"，进入工房的时候，不仅仅是对本人面试，也是对父母决心的严格面试。无论是在北海道

还是在冲绳，我都会亲自到家中和父母沟通。在和父母沟通的过程中，我发现有很多父母都认为"我家孩子不行"，这真是令人感到遗憾的事情。

我们和父母的面谈，最少要三个小时，在听到父母说"已经做好心理准备了，直到这孩子成为'超级明星'，我们不会放弃"之前，我们是绝对不会录用的。这是因为一旦开始修业，没有比父母更强大的啦啦队。

在"秋山木工"的工匠培养上，用素描本写报告占了非常重要的一环。

学徒和见习学徒，每天必须在大开本素描簿上写报告。在一天结束的时候，总结当天的工作内容和需要反省的地方。可以画插图、贴照片等，各人自由发挥。师兄们要在笔记本上写建议，我做最后的检查。

经过十五天左右，一本素描簿就会写完，公司会将写完的素描簿，分别寄给每个人的父母或老师，报告孩子们每天的工作和成长情况。我会请读过报告的父母、兄弟姊妹、祖父母或老师，写上饱含热情鼓励的话语，再寄回来还给本人。

等所有人的笔记本都寄回来后，我会召集大家开一个报告朗读会，念出家人写的激励话语。朗读会开始后，朗读素描簿的学徒声音发抖，眼泪夺眶而出。这是之前不懂父母之恩的年轻人，第一次对父母产生感激的瞬间。

父母也会一边哭一边读，不放过任何细节。为了替自己的孩子加油打气，会努力地写上自己的鼓励。当一个人被周围的人如此期待时，当然不能轻言放弃；一旦放弃，就意味着背叛了父母和恩师的期待。父母也会通过笔记，来了解孩子们的学习情况，大部分都会劝孩子不要放弃。

有时候我也会说："你先回家，如果父母同意，我就让你辞职。"但是大多数的情况，都是在一周左右，就回来对我说："请让我再试一次。"

让父母、兄弟、祖父母、老师都参与进来，帮助他迈向成功。

不仅是本人，有了父母和身旁大家的支持，才能培养出独当一面的匠人。

匠人精神

人生全部都是自己的时间

我们自己可以订定一个主题,例如"还很不成熟","这里我想再请教一下"、"那里我想更了解一点","更如何如何"等,如此就会产生进步的动力。因为人生全部都是自己的时间,所以应该毫无保留、热衷地投入。竭尽全力的时候,就会有所感动。

一开始就稍微有点成就的人,可能就此满足。但只要热衷去做,就连手不灵巧的人,都会持续不断地进步。

我认为为了成长,最好能够尽早被"批评指教"。

如果有人问我什么样的人会成长,我通常会回答:"即使手不灵巧也不放弃的人"、"有感恩之心的人",或是"善于接受批评的人"。即使同样挨骂,成为一流的人,是这样"挨骂"的:

- 最好是在年轻时挨骂——如果可以的话，最好是在二十岁之前。
- 趁批评的人还有能量时被骂——因为骂人需要比被骂的人拥有十倍的勇气。
- 最好比其他人早被批评——工作进度超前，可比其他人先遇到问题。
- 不要老是因为同一件事被骂——别人没那么多时间理你。
- 被人格魅力高的人批评——被尊敬的人批评会更有效果。
- 趁能指导我们的人还没有死——他们不会永远地等在那里。
- 愈早被批评愈好——早一分钟都是好的。
- 要因品质高的问题被批评。
- 要知道被骂也要付出代价。
- 与其看着别人被骂，不如自己被批评——自己什么都不做的话，是不会被批评的。

不过，即使过了二十岁也不嫌晚；现在的你是三十岁、四十岁，也都还不晚。

为了将别人批评的东西变成自己的，要检讨自己被批评的水准是不是提高了？昨天和今天是不是因为同一件事情被批评？有这些意识非常重要。

　　三个月前被批评的事情、一周前被批评的事情、昨天被批评的事情、一个小时前被批评的事情、刚才被批评的事情——为了不忘记被批评的事情，并且确认是不是每天都在进步，素描簿的报告可以帮很大的忙。只要不放弃、专心致志地做事、即使被批评也能感谢的话，实力肯定会增强。人生全部都是自己的时间，而工作就意味着生活。

10日間をふり返って

10日間を思い返すと、あいさつもできない、返事もできない。簡単なことで様々な事で他の人の話も聞けない、自己紹介も職人心得もできないような、純粋な人でした。

同期が13人もいて、年齢もバラバラでしたし、不安だらけでした。

だから、1日1日が濃くて、長く感じましたし、充実しました。

10日間が、いままでの20年間、一緒にいた家族へのありがたみを感じました。いつも部屋が汚れて、掃除を家にして、次が使ってる事が当り前でした。でも、これからは、そういうこともないですし、自ら前に感じていて、まるで感謝したこともないですけど、今なら心からありがとうと言えると思います。

秋山利輝 3/1 夜

← ○○○
△△△

研修生 13名

学生 ○○名

「あいさつ」「自己紹介」、職人心得30ヶ条、のテスト中

秋山利輝 3/1 夜

不是培养『会做事』的工匠，而是要培养『会好好做事』的一流匠人

如果日本的制造业没有恢复的话，日本在世界上的地位也不会恢复。我想让日本的制造业重新站起来、让日本重生。日本人以前拥有的思想和观点，在最近五十年已经渐渐失传了。

最近的日本企业都在降低成本，只重视 CP 值（性能价格比），所以制造业都转移到材料费、人工费较便宜的中国和越南。这样也许能暂时赚钱，但金钱换来的，会不会是日本的人才培养没落，亦未可知。

不是只坚持自己的权利，同时也为世界上其他人着想，这才是日本人。

磨炼这样的日本之魂，才是通往一流匠人，成为"独一无二"的人才道路。

日本虽然是岛国、资源也很少，之所以能繁荣到现在，是因为重视在世界引以为傲的日本人精神和技术，并一直钻研至今的缘故。现在还来得及，但如果不找回这个"日本之魂"的话，就会完蛋。我们要继承日本人一脉相传的制造业遗传基因，不能让它止于我们这一代。无论技术多么优秀，但仅仅只有技术，将很容易被超越，而精神无法很快被模仿。如果精神一流，技术肯定是一流。

一流匠人能让客户感动，这是非常了不起的。可以做出让人感动的东西，要有一流的精神才做得到。我并不希望只是培养"技术"优秀、"会做事"的工匠，而是要培养拥有"一流技术"、"会好好做事"的匠人。

为社会、为他人工作，生命将会熠熠生辉

　　每天都有苦恼的经营者，认真地来找我商量："人才真的很难培养"、"没有认真工作的年轻人"等，这时我都会告诉他们："只考虑公司利益，是无法培养出人才的。"

　　为社会和人类培养有用的年轻人，是经营者的责任和义务，这是我的想法。但现在认为培养有用的年轻人，是企业责任的经营者太少了；我看到的，都只是在培养忠于自己、有益于自己、可以帮自己赚钱的人才。此外，不训斥部属的主管也增多了，也许训斥了以后部属会马上辞职，也许一出手就会遭到抗议，但如果因为部属辞职会给公司带来损失，不想承担训斥所带来的责任，结果便什么都不

　　　　　　　　　　　　　　　　　　匠人精神

做，前辈如果不教育下一代，年轻人就无法成长。

在"秋山木工"，不训斥后辈的人，不能从学徒晋升为工匠。后辈在工作上出现失误却不告诉他，失败了也不批评，这并不是亲切，而是缺乏爱心。

我在训斥弟子的时候，都是拼了命的。因为我认为这不只是出于培养工匠的责任，还因为这个人的一生都掌握在我手中。

我认为结婚和找工作是很类似的，都意味着要对对方的人生负责，雇人也意味着要做好这样的心理准备。

我的任务是将日本人所有的技术和精神，传授给下一代的年轻人。我希望可以培养出十个水准超越我之上的工匠。

这十位再培养出超过他们的十位工匠，如此一来，就能培养出一百个"超级明星"的一流匠人。这样连锁发展下去，就可以源源不绝地培养出世代永续的一流匠人。

"秋山木工"的人才教育是一种"体制"，希望能在各种作业场所和工种中，使用这套"体制"培养出独当一面的一流匠人。

平成二十五年，即 2013 年，三重县的伊势神宫，举行了"式年迁宫"。伊势神宫每 20 年重新建造一次，将神像移到新的神宫中，祈祷神力重新复苏。包括神殿和御门在内，以及各种用具、摆设都是新做的。这些准备工作，

都是从 8 年前就开始，工程规模非常浩大。

"式年迁宫"是从持统天皇时代，即公元 690 年便开始的传统仪式，已有 1300 年以上的历史。同时，它也是技术传承的重要"体制"，困难的技术可借由 20 年一次的仪式传承给下一代。

我们每个人都从上一代继承技术，然后再传给下一代。希望大家明了自己肩负的使命，大家都是被遴选出来的，各自有自己的职责。

如果每个人都踏实、勤奋地完成这项使命的话，我们的人生肯定会无限精彩。我们日本也会变得美丽且充满欢乐，成为让世界憧憬的国家，并很快成为世界的领跑者。

结语 给各行业的匠人

2013 年，我迎来自己的古稀之年。回首过往，支持我长达五十四年工匠生涯的，是年轻时所学会作为工匠的素养。根据自己的亲身经验，我从三十多年前，开始将作为工匠的基本素养传授给弟子们。经过几番曲折总结出来的，就是在这本书中向大家介绍的"匠人须知 30 条"。

提起家具工匠，也许大家会认为这是特别的职业，但在我看来，任何工作的人手中都有一项"技能"。不光是我们家具工匠，那些商务人士、做买卖的人、学校老师、医生、农民，世上每个人都是手中握有"技能"的专业人士。

无论在哪个行业，想要成为一流的人才，只有相信自己的能力，一边挥洒汗水、一边锻炼积累自己的实力，除此之外别无他法。

为了最大限度发挥自己的能力，基本功是必需的。如果基本功不扎实，就无法加以应用。所以，重要的是在年轻的时候，在精神和身体两方面打好扎实的基础，好让自己无论什么时候都不走偏。

曾是活跃在棒球场上的巨炮、让无数人感动的长岛茂雄和王贞治，都是在谁也看不见的地方，一边挥洒汗水、一边不断挥舞球棒进行练习的。踏实、勤奋不懈、苦练基本功的人，会在不经意间散发出气场，爆发出令人惊讶的力量——这就是所谓的"超级一流"。

趁年轻时流汗学会的东西，将成为一生的财富。平时不忘反复练习基本功、不忘初心，肯定能不断进步。如果可以讨人喜欢，肯定能成为一流的匠人。

这些思想，都包含在"匠人须知30条"中。

希望各位读者也一定要发挥自己的潜能，在工作上勇往直前。请坚持完成现在正在做的工作，通过你所扮演的角色和工作，让周围的人开心。愿各位的人生，更加辉煌、灿烂、丰富多彩。

平成二十五年（2013）五月九日

秋山利辉